朱建平

——

著

谈谈大数据的那点事

U0194493

TALKING ABOUT
BIG DATA

北京大学出版社
PEKING UNIVERSITY PRESS

图书在版编目（CIP）数据

谈谈大数据的那点事 / 朱建平著. —北京：北京大学出版社，2019.10
ISBN 978-7-301-30769-4

Ⅰ.①谈… Ⅱ.①朱… Ⅲ.①数据处理－普及读物 Ⅳ.① TP274-49

中国版本图书馆 CIP 数据核字（2019）第 198222 号

书　　　名	谈谈大数据的那点事	
	TANTAN DASHUJU DE NADIANSHI	
著作责任者	朱建平　著	
责 任 编 辑	潘丽娜	
标 准 书 号	ISBN 978-7-301-30769-4	
出 版 发 行	北京大学出版社	
地　　　址	北京市海淀区成府路 205 号　100871	
网　　　址	http://www.pup.cn　　新浪微博：@北京大学出版社	
电 子 信 箱	zpup@pup.cn	
电　　　话	邮购部 010-62752015　发行部 010-62750672	
	编辑部 010-62752021	
印 刷 者	涿州市星河印刷有限公司	
经 销 者	新华书店	
	880 毫米 ×1230 毫米　A5　4.25 印张　62 千字	
	2019 年 10 月第 1 版　2019 年 10 月第 1 次印刷	
定　　　价	38.00 元	

作者简介 ▸▸▸ About the Author

朱建平 南开大学理学博士。现任厦门大学管理学院教授、博士生导师，厦门大学健康医疗大数据国家研究院副院长，厦门大学数据挖掘研究中心主任，国家社科基金重大项目首席专家，浙江工商大学现代商贸研究中心首席专家，教育部新世纪优秀人才，福建省哲学社会科学领军人才。担任中国统计学会顾问、教育部高等学校统计学类专业教学指导委员会副主任委员、中国统计教育学会副会长、中国商业统计学会副会长、全国工业统计学教学研究会副会长、中国商业统计学会数据科学与商业智能分会会长、厦门市统计学会会长、全国统计教材编审委员会第七届委员会专业委员。主要研究方向为数理统计、数据挖掘、数据科学与商业智能。

前言 >·>·> Foreword

最近几年，有关大数据的话题非常火，不仅是研讨会、培训、微信圈的热门主题，而且与大数据相关的书也成了热点。然而，大数据是什么？大数据有哪些应用领域？要如何更好地发展大数据？这些问题的答案，大家未必全知道。为了让大家更好地关注"大数据"，在大数据的认知方面不要走入误区，很有必要普及大数据的有关知识。

长期以来，笔者一直从事大数据及数据挖掘的理论和应用研究，也积累了不少对大数据研究及应用的认知，还在微信公众平台上，发表了一些大数据发展过程中引发的思考，得到了朋友们的广泛关注。在此，笔者以"谈谈大数据的那点事"为主题，撰写这本普及大数据知识的小册子，便于朋友们参考。

在本书撰写过程中，厦门市统计学会秘书长张绍勇收集了部分大数据的经典案例，给笔者提供了很多帮助。同时，笔者也得到了厦门市统计局局长郭华生、国家统计局厦门调查队队长康君、厦门科学技术局局长孔曙光的鼓励。

本书在出版过程中，得到了教育部高等学校统计学类专业教学指导委员会、厦门大学社会科学研究处、厦门大学管理学院、厦门大学健康医疗大数据国家研究院、厦门大学数据挖掘研究中心、浙江工商大学现代商贸流通体系协同创新中心和北京大学出版社的支持。本书责任编辑潘丽娜女士不仅为本书组稿和编辑出版做了大量的工作，还将笔者撰写的一些诗歌以背景方式巧妙地置于书中，使本书格调更加轻松。在此一并表示由衷的感谢！

编写一本好的普及知识的小册子并不容易，由于水平有限，不足与缺憾在所难免，恳请朋友们多提宝贵意见。

本书的出版得到了厦门大学"双一流"繁荣计划专项项目的支持和资助。

朱建平

2019 年 6 月于厦门珍珠湾花园

目录 ▸▸ ▸▸ Contents

要如何更好地发展大数据？

引言：大数据发展引发的思考
——普及"大数据"基本知识迫在眉睫

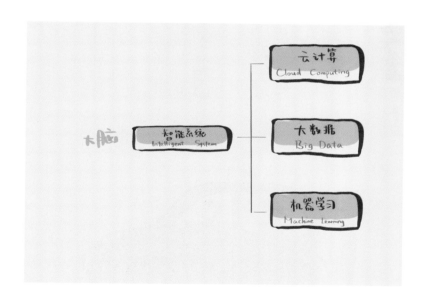

几年前，我在太原与好友聚会，叫了一辆网约车，上车后就和师傅聊了起来：

我："平时开网约车也挺辛苦的。"

师傅："辛苦没有关系，问题是，工作累了的时候，想回家了，却回不去。"

我："为什么会这样啊?"

师傅："人家公司就知道每个师傅的工作习惯，举个例子，一个师傅平时习惯晚上9点收工回家，送客人快到家的时候，公司将会派一个远离回家方向的单子。公司都能算出来，大约几点出工、几点收工。听说这是大数据弄的，比'算卦'都准!"

我："以后你就不要惦记出工和收工了，汽车都发展成无人驾驶了，你在家里就可以遥控送客和接客了。"

师傅："一个没有人驾驶的汽车，忽忽悠悠地到你跟前，而且是来接你的，这不是在'闹鬼'了吗？能不可怕！"

……

时代发展太快了，给我们的工作和生活带来便捷的同时，也引发了我们的思考。普通人也会谈到大数据，但往往都没有正确地认识大数据。实际上，比起让行业外的人知道数据能做什么，更为重要的是让他们知道数据引发的新时代会给人们带来什么，而这也是笔者撰写这本书的初衷。

大数据是什么

?

我喜欢白开水
　　——喜欢晚上工作
晚上
桌案前
放一杯白开水
准备一天未工作的开始

习惯的内容
习惯的动作
习惯饮用的白开水
我喜欢白开水
因为它无味原始
没有刺眼的色彩

什么是"大数据时代"?

　　大数据时代是建立在对互联网、物联网等渠道广泛大量数据资源收集基础上的数据存储、价值提炼、智能处理和分发的信息时代。在这个时代，人们能够从几乎任何数据中获得推动生活方式变化的有价值的知识。

　　大数据时代的基本特征可以体现在以下几个方面：

　　社会性，广泛性，公开性，动态性。

我喜欢白开水
因为它宁静单纯
渗透平淡的生活
日子闪过
一天一天
风暴浮云
青春驻留

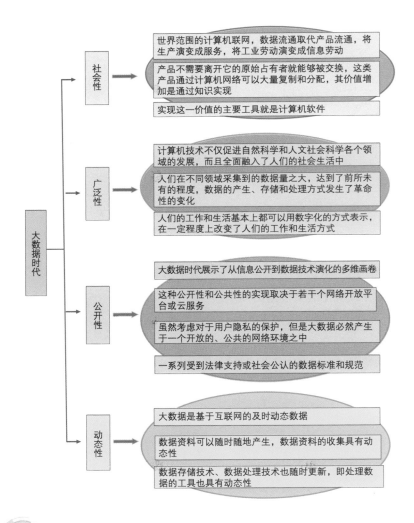

　　实例解析一　　有一次，小黄网购后查看物流情况，突然说："咱们可能上当了，卖家是在北京，发货是在沈阳，不是一个地方，骗了咱们了。"小黄的老公安慰她说："不要担心，过几天就会到货的。"其实他很清楚，这是大数据时代，数据流取代产品流，产品不需要离开占有者就可以进行交换。这一现象虽然表现在产品的营销环节，实际上具有深刻的社会性，悄悄地改变着人们的生活和工作方式。

秋天
清晨
丝丝秋风
伴着淡淡的凉意
缠绕在指缝间

实例解析二　我们现在生活在两个世界里，一个是"实体世界"，一个是"数字世界"。如果一个人在"数字世界"里是"僵化"的，那么他在"实体世界"里的人生价值将会大打折扣，特别是他的商业人生价值。实际上，数据可以描述我们生活和工作的各个方面。3D打印是数据代替产品的一个极好的例子，其技术已经非常成熟了。然而3D打印遇到巨大的困难——打印什么东西，材料如何合成。因此3D打印牵动着能源、化工，乃至新型材料的研发和应用，具有时代的广泛性。

实例解析三　现在人们对隐私有极高的关注度，这也是当今时代的一个突出特点。实际上我们生活在一个信息全暴露的社会中。可能有人会说："没有人频繁地骚扰我啊！"这是因为我们不是"名人"，否则通过"人肉搜索"可以把一个人骚扰得无处藏身。个人的信息如何与社会接触？电信网络、社交平台等都存有大量个人信息。一些唯利是图的公司和个人就可以通过一些技术手段窃取这些信息。他们可以骚扰你，甚至把信息卖掉让别人骚扰你。这些现象是时代公开性的负面体现。"公开性"催促着社会快速发展，使得我们的有关法律法规和社会公德短时间难以跟上，因此，个人的信息在与社会接触的过程中就需要自己把控。

实例解析四　时代快速发展，时时刻刻产生巨大的数据。如果我们不快速分析，很多本来有价值的数据就会变成冗余数据而被剔除掉了。有一个公司开发出一个产品叫"千里眼"——监视器架接的软件，推销给各个幼儿园和托儿所。有一天该公司的老总拿着视频让我看小孩们活动的有关场景。我说："我们可以和心理医生联合一起分析这些数据，然后把分析结果提供给指导教师，有针对性地对小孩做启发和潜在的教育。"他说："这样好！我把这个产品送给幼儿园，然后咱们合作卖分析报告。"这个老总的做法是否妥当我们暂且不谈，但如果把数据分析做好，将会带来很好的经济回报。一个小小案例说明数据的产生是动态的，数据分析的技术也应该是动态的。

枫叶
慢慢的煎熬
在秋雨的爱恋下
彰显出奢华

让硕果累累的秋天
迎来大地繁华
生机盎然

二 什么是"大数据"？

1. 大数据的定义

大数据的核心是数据，而数据是统计研究的对象，从大数据中寻找有价值的知识关键在于对数据进行正确的分析。因此，鉴定"大数据"应该在现有数据处理技术水平的基础上引入统计学的思想。

从统计学科与计算机科学性质出发，我们可以这样来定义"大数据"：大数据指那些超过传统数据系统处理能力、超越经典统计思想研究范围、不借用网络无法用主流软件工具及技术进行单机分析的复杂数据的集合。对于这一数据集合，在一定的条件下和合理的时间内，我们可以通过现代计算机技术和创新统计方法，有目的地进行设计、获取、管理、分析，揭示隐藏在其中的有价值的模式和知识。

大数据的基本特征可以体现在以下几个方面：

大量性，多样性，价值性，高速性。

从中可以剖析出大数据的内涵。

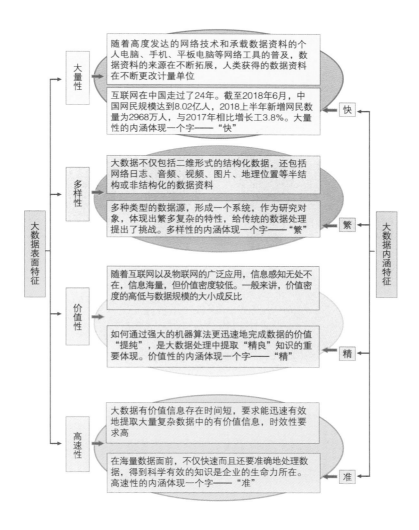

大数据表面特征

大量性

随着高度发达的网络技术和承载数据资料的个人电脑、手机、平板电脑等网络工具的普及，数据资料的来源在不断拓展，人类获得的数据资料在不断更改计量单位

互联网在中国走过了24年。截至2018年6月，中国网民规模达到8.02亿人，2018上半年新增网民数量为2968万人，与2017年相比增长工3.8%。大量性的内涵体现一个字——"快"

快

多样性

大数据不仅包括二维形式的结构化数据，还包括网络日志、音频、视频、图片、地理位置等半结构或非结构化的数据资料

多种类型的数据源，形成一个系统，作为研究对象，体现出繁多复杂的特性，给传统的数据处理提出了挑战。多样性的内涵体现一个字——"繁"

繁

价值性

随着互联网以及物联网的广泛应用，信息感知无处不在，信息海量，但价值密度较低。一般来讲，价值密度的高低与数据规模的大小成反比

如何通过强大的机器算法更迅速地完成数据的价值"提纯"，是大数据处理中提取"精良"知识的重要体现。价值性的内涵体现一个字——"精"

精

高速性

大数据有价值信息存在时间短，要求能迅速有效地提取大量复杂数据中的有价值信息，时效性要求高

在海量数据面前，不仅快速而且还要准确地处理数据，得到科学有效的知识是企业的生命力所在。高速性的内涵体现一个字——"准"

准

大数据内涵特征

2. 大数据的内涵特点

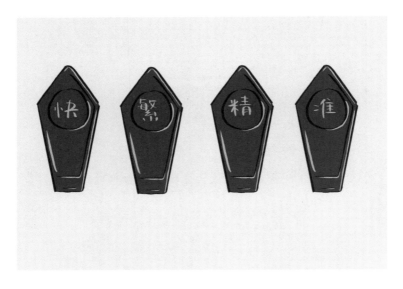

　　大数据的内涵特点一 ——"快"　　当今在互联网、物联网、云架构的支撑下产生了大量的数据集。实际上，如果把这样巨大的数据集均匀地摊放在一百年的发展历史过程中，就会显得没那么"大"了。全球数据量正以平均年增长率 50% 的速度增长，而当前数据总量的 80% 都是最近两年产生的。实际上大数据的聚集背后隐含着社会的快速发展，因此在理解"大量性"

的同时，也应该对数据快速处理技术和方法进行深入的研究。

大数据的内涵特点二 —— "繁" 当今各种各样的数据铺天盖地地砸下来，我们可以在网上搜索，从大数据来源、生成、计算和应用等角度对大数据的类型进行不同的描述。例如影随型数据，即视频流、照片、手写意见卡、保安亭的出入数据等。影随型数据是一种你拥有但并不容易拿到的数据。这类数据往往融入一个统一体内，在数据处理过程中体现出了复杂烦琐的特征。

大数据的内涵特点三 —— "精" 当今大数据对应着海量嘈杂的信息，不可避免地带来大数据困惑，如何从海量的数据资源中提取精良的、高品质的知识来指导人们的生活和工作，这是大数据研究的一个重要领域，叫作数据的"提纯"。实际上，大数据的价值性渗透着大数据挖掘和分析结果的精度，因此大数据产品的精度分析将是未来大数据研发和应用的一个重要领域。

大海的烙印
——厦门 15 年的感悟
初到厦门
每天伴随太阳升起
漫步在银色的沙滩

　　大数据的内涵特点四——"准"　　当今数据的产生和数据的处理速度之快已经成为大数据的重要特征之一，然而这一特征遵循着数据分析的一个重要原则，那就是"时效性"。大数据分析的时效性体现在其价值的大小与提供知识的时间密切相关，实际上，知识更大价值的表现是分析结果的准确性。因此准确的大数据分析结果才有可靠、实际的指导意义。

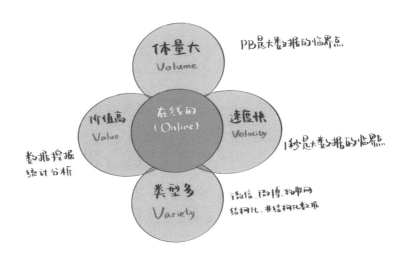

看看平静的海面
浪潮层层涌起
牵动我的思绪

3. 大数据的价值体现

大数据的重要价值主要体现在四个方面：

第一，记录。数据本身被记录下来，并非全部是为了长远的利益所用。很多记录其实发挥的作用是一种操作的基础，脱离了记录，后续的操作将难以进行。这点与人大脑的作用有点相似。我们每个人在做一个即时操作的同时，大脑都会加以记录。然后依据这些记录快速决定下一步怎么做。

初到厦门
远距广阔的海岸
听风听雨
狂风暴雨卷起巨浪
桀骜不驯压岸边
激起心中涟漪

第二，备份和监督。数据记录也是对以前操作过程的一个虚拟备份，记录了各自多方不同的操作过程及次序，乃至不同环节的具体操作内容。这样一种作用可以看作记录本身最被认可的初始价值。

第三，纠偏。一个系统在运行的过程中，有些时候也会出现一些跟平常不一样的差异。当这种差异所代表的数据通过极值等各种方式体现出来的时候，系统本身的原有平衡可能会被打破，内部各方面的环节或资源就有可能跟不上。这个时候适当的外力参与很有必要，从而确保系统的良性运行。

第四，预测。对未来的预测功能是目前业界对大数据最看重的价值之一。这一功能基于之前记录下来的各种数据的深入研究，挖掘发现其中的规律特征，从而进行系统的优化，甚至升级。如果前面的纠偏只是一些相对较小的指引的话，那么基于预测的情景研究和系统优化，则是相对较大的变动。这种基于预测的价值实现对系统的长远运行来说价值非常重大，因其决定了一个系统是否具有长期的成长性及演变能力。

初到厦门
大海烙印在心里
平静予我心胸宽阔
疯狂使我人生高歌
浪浪迭起
推动新的奇迹

三 大数据认知的误区

我们关注"大数据"，但在认知方面不要走入误区。谈及大数据的误区，概括起来有几个方面：

（1）数据大就是大数据；

（2）大数据不是在找出因果关系；

（3）大数据拥有稳定的收益；

（4）只有大数据才能拯救世界；

（5）为了大数据而大数据；

等等。然而，时代发展太快了，很多人的认知很难跟上时代的步伐，难免出现一些新的认知上误区，在此对新的认识误区做较为详细的解析。

生活
——生活就是这样
生活
不是生存
不看表面
要看沉醉

认识误区解析一　数据分析统称为大数据分析

问题　时代赋予了数据分析工作者重要的使命，同时也给数据分析的应用者提出了严峻的挑战。然而，为了应对这一挑战，人们有时会做出许多不恰当工作来显示应对挑战的能力，其中一个重要的表现就是，凡是数据分析都冠上"大数据"这一概念，凸显人们已经对大数据有所把控。

分析　我们先来看一个案例：有两个年轻人，在谈恋爱的过程中，将一年来的热恋过程较为详细地做了一个分析总结。

生活
不是鲜花
不看绚丽
要看平淡

热恋分析报告

　　我们的感情，在团队领导的亲切关怀下，在同事们的支持和帮助下，一年来正沿着健康的道路蓬勃发展。这主要表现在：

　　（1）我们共通微信 568 次，平均每天 1.56 次。其中你给我的微信 239 次，占 42.1%；我给你的微信 329 次，占 57.9%。每次微信联系时间平均 0.25 小时，最长的达 1.35 小时，最短的也有 0.09 小时。

　　（2）约会共 98 次，平均 3.7 天一次。其中你主动约我 38 次，占 38.7%；我主动约你 60 次，占 61.3%。每次约会平均 3.8 小时，最长达 6.4 小时，最短的也有 1.6 小时。

　　（3）我到你家看望你父母 38 次，平均每 9.4 天一次，你到我家看望我父母 36 次，平均 10 天一次。

　　以上大数据分析充分证明，一年来的交往已使我们形成了恋爱的共识，我们爱情的主流是互相了解、互相关心、互相帮助，是平等互利的。

生活
不是大海
不看浪涌
要看溪流

当然，任何事物都是一分为二的，缺点的存在是不可避免的。我们二人虽然都是积极的，但通过以上的大数据分析，发展还不太平衡，积极性还存在一定的差距，这是前进中的缺点。相信在新的一年里，我们一定会发扬成绩、克服缺点、携手前进，开创我们爱情的新局面。

因此，我提出三点意见供你参考：

一要围绕一个"爱"字；

二要狠抓一个"亲"字；

三要落实一个"合"字。

让我们弘扬团结拼搏的精神，共同振兴我们的爱情，争取达到一个新高度，登上一个新台阶。

这两位年轻人说："看，我们也在利用大数据分析，的确产生了效果"。类似的案例很多，将简单的统计分析，特别是只应用了描述统计的简单思路的分析，来当作大数据的应用。那么，怎样才能体现大数据的分析思路和过程呢？请看下面的图表。

生活
充满幸福
未来憧憬
带来欢乐

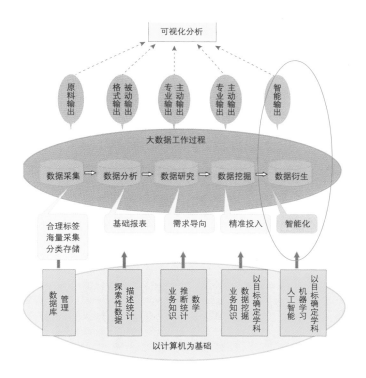

　　注意：以目标确定学科意思是，所涉及的学科将会有计算机、统计学、数学、经济、管理、人文、法律，艺术、心理、生物、医学等各个领域。

认识误区解析二　大数据时代到处可以获取大数据资源

问题　大数据时代高度发达的网络技术，使得承载数据资料的个人电脑、手机、平板电脑等智能产品随时可见，数据资料的来源范围在不断拓展。然而，人们认为大数据资源随时可得。

分析　经常有人问："厦门大学数据挖掘研究中心从事海量数据分析十多年了，一定积累了大量的大数据资源，如今对大数据研究和应用很火热，我们也开始从事大数据研究工作，能不能给我们一些大数据，让我们也做一些分析呢？"我说："数据挖掘研究中心'没有'数据。"这里所说的"没有数据"是带引号的。实际上，数据挖掘研究中心有好多类型的海量数据资源，但是这些资源的获取，是在框架性协议的支撑下获得的，不会公开发布（只发布研究成果），数据资源很难得到共享。

这里需要明确，随着"互联网+"行动的实施，不仅现代化行业储存了大量的数据，传统行业和部门也产生了大量的数据，同时这一现象渗透到了自然科学和社会科学的各个领域，例如：金融、保险、医疗、移动互联网、环境保护等。然而，不同行业和不同部门产生与储存的数据资源难以共享，更不可能公开。每个企业和部门的大数据分析，主要是为本企业的发展而服务。这样出现了一种奇葩的现象——"数据孤岛"。矛盾的显现就在于此，网络生活越来越普及，为了支持各种网络服务，遍布全球的数据处理中心每一分钟都在传输着大量的数据，全球数据量正以平均年增长率 50% 的速度增长，而当前数据总量的 80% 都产生于最近两年，可是我们无法获得这些大数据资源中的绝大部分。那么，怎样才能获得大数据资源呢？这不同于传统的统计调查，请看下面的图表。

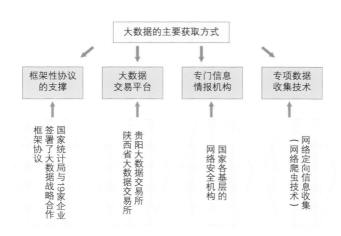

认识误区解析三　成立大数据机构就占领了大数据研究和应用的阵地

问题　国务院印发《促进大数据发展行动纲要》，提出将全面推进我国大数据的发展和应用，加快建设数据强国。以此促进了我国大数据产业和市场的发展。人们为了以示占领大数据产业发展这一高地，纷纷成立各类大数据研究和应用机构。

分析　2015 年 8 月 31 日（国务院印发《促进大数据发展行动纲要》）之前，我国省、市级设立了三个"大数据管理局"，即"广东省大数据管理局"（2014 年 2 月 26 日成立）、"沈阳市大数据管理局"（2015 年 6 月 1 日成立）、"成都市大数据管理局"（2015 年 8 月筹建）。我们以 2015 年 9 月 1 日作为节点，发现在节点之前，三个大数据管理局以超前的思维和理念成立，而节点之后，各个省、市纷纷成立大数据管理局。可以看到这个节点会有多么大的推动作用！

2016 年 8 月，在第一期 34 所 985 高校中，有 44.11% 成立了有关大数据的研究机构，其中在 2014 年（包括本年）之前成

时间都到哪儿了
待到老年
两鬓斑白
颐养天年的快乐

立的只有 5 所大学，2015 年（包括本年）之后成立的有 10 所大学。2017 年 8 月，又做了一个调查，还是第一期 34 所 985 高校，成立大数据研究机构的占比，一下提升到 82.35%。除此之外，各级高等学校相继成立了不同类型的大数据研究机构。深入地了解一下，这些研究机构都在做什么呢？很少几所高校与企业和公司合作研发大数据产品，大部分高校的大数据研究机构重点放在人才培养方面。

我们再来看看不同行业对大数据的认知情况。现代化行业拥有自己的大数据研发机构，例如阿里巴巴、百度、京东、腾讯等。传统行业也在根据实际的需求，陆续成立大数据研究机构。不论是现代化行业，还是传统行业，都在根据自身的特点，本着为企业服务的目标，开展大数据的研发工作。随着大数据市场规模的不断扩大，我国大数据产业生态体系的建设也在不断完善，但实现大数据产业化的关键在于解决数据公开性、数据标准等多重应用难题。这些问题的解决归一为，如何构建大数据资源共享平台。然而，尽管各级政府成立"大数据管理局"，高校和科研部门成立"大数据研究机构"，企业和部

人生短暂的闪过
点点滴滴
波澜壮阔
问祖先
看闪烁的历史长河

门成立"大数据研发和应用机构",而且这些机构的目标是一致的,都是大力推进大数据产业发展,但是实现这一目标的过程却并不一致。这样又出现了一个奇葩的现象,我们称之为"机构孤岛"。如何将不同类型的大数据管理、研究、应用机构构建到一个或几个不同层次的共享平台呢?这是推进大数据产业发展面临的重要挑战。

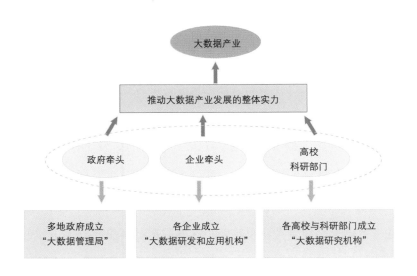

认识误区解析四　大数据的分析思维是让全部数据说话

问题　我们经常强调"让数据说话"，这是理念和文化的体现。在"互联网+"的驱动下，数据的类型发生了巨大的变化，结构化数据、半结构化数据、非结构化数据融合在一个研究的统一体中，如何"让数据说话"就显得尤为重要。然而，人们的观念倾向于，大数据的分析思维是简单地让全部数据说话。

分析　有一次小刘和朋友在一起聊天。

朋友问："你加'微信运动'了吗?

小刘答："有加呀!"

朋友说："这个平台挺好的，每天晚上在朋友圈PK运动量。"

小刘说："这样可以相互鼓励，健身也是当今生活的主旋律。"

朋友说："每天PK的结果，总在前三名。"

小刘说："你可以呀! 每天坚持不容易的。"

朋友说："每天晚上我吃完饭后，坐在沙发上，看着电视，拿着手机来回晃荡，不出一会儿就1000步数。"

"哈哈，哈哈……太聪明了。"

当时把小刘给笑翻了。

惊蛰

雷公鸣响始惊蛰
小虫欲动易出窝
预示化雨春风泽
万物复苏满春色

"999 步，
1000 步……"

　　这里我们需要明确，这样产生的数据，我们称之为"虚数据"。随着智能产品的大规模普及，使得某些行业或企业人为产生的"虚数据"占有相当比例（在此不便举例）。我们知道，2016 年进入 6 月份，全国多省份出现洪涝灾害，多个城市居民网上疯传"紧急通知：今晚将有特大暴雨"等类似消息，影响了居民的日常工作和生活，经过证实这些都属于假新闻。受这些假新闻影响在针对"防洪和防汛"主题，进行网络舆情分析时，

端阳节
眼前突显两千年
屈原效楚投江脸
时代变迁百姓念
端阳香粽祭屈原

其分析结果将会出现较大的系统偏差。我们把这类数据称为"假数据"。"让数据说话"应该是让"真实的数据说真话",真实也可以理解为求真务实。数据分析就是不断求真、持续务实的过程。 进而,凸显出一个挑战性的问题,大数据质量如何保障与界定,这是我们需要亟待明确的重要研究领域。那么,怎样的大数据分析思维能获得我们以往任何时候都不曾获得的大量的有价值的知识呢? 见下面的图表。

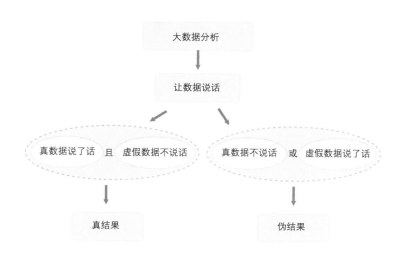

七夕

明月婵娟映银河

牵牛邀女穿金梭

人间相聚喜欢歌

低头何故恨时多

认识误区解析五　学会统计学就可以从事大数据分析

问题　现在计算机技术不仅促进了自然科学和人文社会科学各个领域的发展，而且全面融入了人们的社会生活中。人们在不同领域采集到的数据量之大远超过往，数据的产生、存储和处理方式也发生了革命性的变化。人们的工作和生活基本上都可以数字化表示，这在一定程度上改变了人们的工作和生活方式。因此，人们对数据分析的重视达到了前所未有的程度，亟待完成对数据分析的任务。但部分从业者只倾向于掌握统计学的方法，认为只需这样就能达到自己的预期目标。

分析　近年来，我通过论坛、讲座、会议等形式，与不同领域的朋友交流大数据，经常有人说："看这个时代多好，给你们学习统计、研究统计理论和方法的朋友，营造了良好的环境，用你们所学的技术和方法就可以直接进行大数据分析了。"他们根本不知道，我们在做大数据应用分析过程中所遇到的困难，和面对的一些尴尬的场面。在这里特别强调了"应用"两字，因为要将大数据应用分析的结果真正的用以指导我们的生活和工作，其整个过程将涉及机器学习、模式识别、统计学、人工智能、数据库管理及数据可视化等学科。这可以从另一个角度说明，大数据分析不是某一个学科可以完全承担的，真正做好大数据分析，培养团队协作意识是关键所在。这里我们应该清楚地认识到，"统计学"是大数据分析"团队"的一员，也是重要一员，因此在这里谈谈统计学。

统计学是一门古老的学科，已经有近四百年的历史了，在自然科学和人文社会科学的发展中起到了举足轻重的作用。近四百年来，它博采众长，历练出了很好的品行——"海纳百川"。要想把统计用好，实际落地，需要科学的理论与方法支撑，这样它又显现出了很好的性格——"顶天立地"。就中国统计而言，经过二十世纪八十至九十年代的艰难发展，在今天遇到了前所未有的良好环境，表现在两个方面：

第一，从外部讲，"互联网 +"的驱动，毫无疑问给统计学带来了发展壮大的机遇，可能将会从本质上使得统计学发生革命性的变化；

第二，从内部讲，2011 年，国务院学位委员会、教育部颁布了《学位授予和人才培养学科目录（2011 年）》将统计学明

中秋前夜

明月高挂青云间

云走似月舞翩跹

时显玉光映海面

月绕人间情乡恋

确地设立为一级学科，真正地确立了"统计大家庭"。

有这样好的发展机遇，"统计一家人"要真正地拥有和维护这个温馨、和谐、快乐的家庭，共同迎接时代给予我们的巨大挑战。

我平时经常与学生和朋友聊天、讨论，一起谈及统计学的这些事。厦门大学南校门右邻南普陀寺，我经常问学生："南普陀寺是做什么的?"

学生说："是念经的。"

我说："南普陀寺内有一个佛教高等学府'闽南佛学院'。"

学生说："知道的，那里培养高素质的佛教人才。"

我经常说："我们这里也是习武的地方。我们的总门派就是统计学（一级学科），同样也有不同的门派和不同的秘籍"。

"统计一家人"，不同门派的弟子相互学习、相互鼓励、相互促进，才能更好地与其他学科融合，在思维变革的大数据时代绽放出绚丽的花朵。

除夕
除夕盘坐合家欢
三代笑语致嫣然
今夜叙事辞旧岁
以闲几度又一年

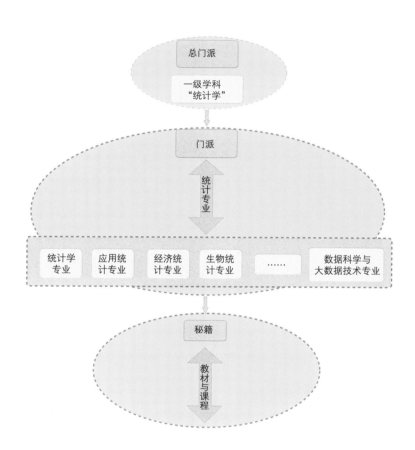

老人的心愿
——春节有感
过年
我看着
手中的中国结

认识误区解析六 只要有技术能力就能搞好大数据分析

问题 现在大家所谈论的大数据是我们日常社交生活中产生的，例如社交网络、移动电话和短信、热线电话和监控数据、检测数据等。这些数据通常为 TB 级别，而且多为非结构化数据，TB 级别的数据用 Excel 或者其他数据分析工具是很难展现和处理的。这时针对大数据就需要有专门的大数据量解决方案。然而，由此有些人就随之认为只要有能力、有技术就能搞好大数据分析。

分析 近年来，好多企业老总交谈中，总离不开大数据研发和应用的话题。例如与大数据专家老林交谈的李总所在企业专注于国际展览业务。

李总说："我们公司为了拓宽业务，采用电话调查客户需求，并且推销国际展览业务。"

老林说："这样会产生大量的数据。"

李总说："是的，我们现在存有十多年的电话记录，而且有不同产品国际展览会的有关记录，如建材、石材、小商品、陶瓷等等。我们也对数据做一些简单的分析，发现打电话的平均命准率只有 3‰。"

老林说:"搞数据分析的目的之一,是加强公司营销策略,改变营销方式,实现效果营销。"

李总说:"我们现在的目的很明确,就是通过历史数据分析,研究在推销国际展览业务的过程中,如何打电话会提高命准率。"

老林说:"这个想法很好。但是对数据分析的结果,以及对公司的实践指导的效果,你们接受的标准是什么?"

过年
我看着
老人的笑脸
皱纹爬满额头
印着无数含辛茹苦的烙印
渗透着无尽的喜悦和心愿

　　他回答不上来了，因为这里隐藏着很深刻的理论——大数据分析的结果如何鉴定和评价？我们知道经典的统计推断理论，以概率论为基础建立了完整的理论体系来验证统计推断的效果，例如点估计的优良标准——无偏性、有效性、一致性，线性模型的普通最小二乘估计量满足高斯-马尔科夫定理等，再如抽样技术理论中，有相当部分的内容剖析抽样推断的误差等。然而，目前大数据分析结果的解释和评价主要是对分析和挖掘阶段发现的模式，通过"用户"和"机器"来鉴定和评价。我们知道大数据分析结果鉴定和评价，应该是分析和应用过程重中之重的环节，它将直接用以指导实践。但是就目前的鉴定和评价方式而言，主观的因素太多，因此搞大数据分析单凭技术只是一个方面（可能会出现误导），说白了，还要有职业素养。这里还想强调，机器评价将涉及机器学习、人工智能，还有统计模拟，由此可以预见"统计模拟"这门学科，将与机器学习、人工智能相结合不断地充实和完善其理论方法，进一步发挥其指导实践的作用。

8谈谈大数据的那点事　▶▶▶　036

如果我们对大数据分析的目的是对未来进行展望，其所利用的技术就是预测。实现这一技术的方法很多，例如移动平均、指数平滑、回归分析、神经网络、支持向量机等，选择好的方法就体现出数据分析工作者的技术能力水平，同时在高水平的基础上，也包含着主观能动性的发挥。在此给大数据分析工作者提出了更高的要求，即应该具备能力和良知。

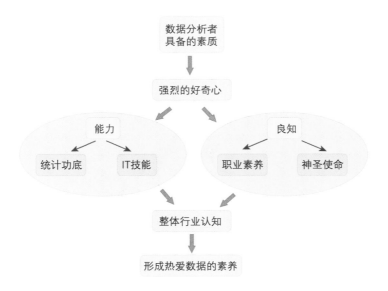

老人就是中国结
系着各地的游子
盼望过年相聚
感受家的温暖

 大数据安全吗?——"大数据"与"双刃剑"

"大数据"与"双刃剑"这部分内容包括这么几个方面：

(1) 个人隐私的泄露带来的一系列危害，严重干扰着人们的正常生活和工作；

(2) 网络诈骗也随之日渐增多，令人防不胜防，据不完全统计，网络诈骗有八类六十余种手段；

(3) 网络安全问题浮出水面，必须得到重视，敌方可能通过大数据技术获取国防敏感信息，控制关键节点开展网络攻击。

实际上概括起来，这部分涉及三个方面，即隐私、欺诈、安全。在这里从技术和方法的角度谈谈大数据与双刃剑。

1. 精准营销带来的困惑

精准营销，是时下非常时髦的一个营销术语。大致意思就是充分利用各种新式媒体，将营销信息推送到比较准确的受众群体中，从而既节省营销成本，又能起到最大化的营销效果。这里的新式媒体，一般意义上指的是除报纸、杂志、广播、电视之外的媒体。

大部分人们的手机上面都有一些具有推送功能的应用。以前的这类应用推送的都是普通意义上的重要新闻，但现在变成这样了：老吴喜欢看相声，经常在这些应用上看相声。这些应用通过浏览的记录，网站对客户进行画像，采取精准营销的手段，经常给老吴推送有关相声和小品的内容。以精良的产品提供给使用者和消费者，这就是大数据研究的一个重要领域："提纯"，也是精准营销的一个重要体现。

　　有位好友说，他爱人平时血压高、血脂高、血糖高，有糖尿病史，经常在手机上查询养生和糖尿病治疗的有关方法。由此发现糖尿病会引发许多严重的并发症，扰乱了她的生活和工作。他告诉爱人，不要总是查询这方面的有关信息，安心调养就可以了。但应用总是给他爱人推荐"糖尿病"方面的信息，使她不由自主地又打开信息阅读。这样对糖尿病的恐惧始终缠绕在她的身边。另外，喜欢看相声的，一些应用就把除了相声之外其他的大事情、大事件都不让他看到了。

　　你说这好，还是不好呢？

2. 网络牵动着人的灵魂

　　大数据时代重要的特征之一就是公开性。公开性和公共性是建立在互联网基础之上的，互联网是公开的，因此引出了好多的焦点。有些人说，"我的手机号码被曝出去了，我的家庭住址被曝出去了，我的车牌号码也被曝出去了。"在公开性的前提下，这些已经不是我们关注的重要问题了。重要的是，人的思想、心灵、价值观、人生观都暴露出去了。

人品
不是人好
不看瞬间
要看长久
时间久了
人品好坏自然显现

前一段时间朋友给老张发了一条消息，说这条消息非常好，是关于大数据方面的文章，可以把它放在他的社交应用上秀一下。老张看了一下这条信息的内容，的确是一篇挺好的反映大数据应用方面的文章。但是这篇文章，老张不敢放到社交应用上，因为这篇文章的后面有好多的网站、平台、文章链接，都是一些不甚高雅的内容。稍微分析就会发现，这位朋友最近在网上浏览了很多这类内容。如果进行长期的分析，一个人的思想境界、人生发展的轨迹、价值观……都会暴露无遗。这些才是人们的真正隐私。

在大数据时代我们每一个人都在主动或被动地展现自己，这样会使人们变得更加"透明"，人们在网上走的每一步都会被记录，会存 10 年、20 年，甚至 100 年，网络会牵动着每个人的灵魂，会记录下一个人内心的发展轨迹，实际上我们没有隐私。

你说这好，还是不好呢？

缘分
不是感情
不看表面
要看相处
相处长了
缘分情感时时体现

3. 网络借贷带来的阴影

前几天，厦门大学管理学院 MBA 中心的教学秘书通知我说，我指导的 2018 届 MBA 学员的毕业论文获得了"最佳学术奖"。这位学员的论文选题"基于层次分析法的我国 P2P 网络借贷平台信用评级研究"，是目前学术界关注的热点问题，其研究的问题恰恰是老百姓热议的焦点之一——P2P 网贷。近年来，我们特别关注网络金融领域，特别是 P2P 网络借贷和网络小额贷款，这网络金融产品的发展状况。

2007 年 P2P 网络借贷模式在我国确立。从 2013 年开始，我国的 P2P 网络借贷行业出现了大规模的增长，平台数量在 2015 年达到顶峰。根据网贷之家发布的《2017 年中国网络借贷行业年报》显示，截至 2017 年 12 月底，该行业中处于正常运营状态的平台数量为 1931 家，与 2016 年相比减少了 517 家；2017 年全年网络借贷行业成交量达到了 28048.49 亿元，与 2016 年的 20638.72 亿元相比增长了 35.9%；2017 年 P2P 网贷行业总体贷款余额达到了 12245.87 亿元，同比 2016 年上升了 50%。

P2P 网络借贷的迅猛发展给整个社会带来了许多正面和负面影响。从正面影响来看：

（1）它降低了投资门槛，提高了投资收益，拓宽了居民的投资渠道；

（2）为个人和小微企业借款人提供了融资渠道，提升了其生存空间；

（3）在一定程度上填补了传统金融行业的空白，促进我国经济的进一步发展。

而从负面影响来看：

（1）目前我国的 P2P 网络借贷行业尚不完善，大量问题平台的出现，给投资者带来了巨大损失，损害了投资者的信心，并且扰乱了我国的金融秩序；

（2）从 2013 年开始，尤其是自 2016 年以来，P2P 网络借贷平台出现提现困难、停业、非法集资、跑路及破产的问题越来越严重；

（3）随着 P2P 网贷行业的整改和经济的下行，截至 2016 年末，停业及问题平台数量达到 1741 家，这给整个网络借贷行业的发展蒙上了一层浓重的阴影。

你说这好，还是不好呢？

记得入学
带着父母的渴望
来到了这个期盼的地方
师兄师姐的笑容
充满温馨忘却了惆怅

我们说双刃剑，并不是要摒弃大数据，而是希望大数据能够得到更为广泛、有益、安全的使用。要解决这些问题，面对技术上的困境，也只有期待更发达的技术手段。到时候我们每个人都可以有效地掌控自己的数据，也不会被那些带有引导内容的新闻带偏。让我们抱着积极平和的心态，面对未来的发展。

BIG DATA

大数据有哪些应用领域

记得上课
带着好奇的心情
第一次走进明亮宽敞的课堂
一节课下来迷迷糊糊
就像小鸟迷失了方向

大数据的应用领域十分广泛：

（1）利用大数据实现客户交互改进：电信、零售、旅游、金融服务和汽车等行业将"快速抓取客户信息从而了解客户需求"列为首要任务。

（2）利用大数据实现运营分析优化：制造、能源、公共事业、电信、旅行和运输等行业要时刻关注突发事件，通过监控提升运营效率并预测潜在风险。

（3）利用大数据实现 IT 效率和规模效益：企业需要增强现有数据仓库基础架构，实现大数据传输、低延迟和查询的需求，确保有效利用预测分析和商业智能实现性能和扩展。

（4）利用大数据实现用智能安全防范：政府、保险等行业亟待利用大数据技术补充和加强传统的安全解决方案。

记得同学
纯真的情感编织着生活
中秋博饼情意深长
弥漫的幻想绘制成册
同学的私密深藏在校园的每一个地方

 大数据告诉你意想不到的结果——
几个有趣的经典案例

记得漫步
依山傍海的校园
展示着博采众长的建筑
五老峰下的情人谷
刻写在心灵的深处

1. 啤酒与尿布

全球零售业巨头沃尔玛在对消费者购物行为进行分析时发现，男性顾客在购买婴儿尿片时，常常会顺便搭配几瓶啤酒来犒劳自己，于是尝试推出了将啤酒和尿布摆在一起的促销手段。没想到这个举措居然使尿布和啤酒的销量都大幅增加了。如今，"啤酒＋尿布"的数据分析成果早已成了大数据技术应用的经典案例，被人们津津乐道。

在学校的点点滴滴
汇集的画面渐渐变黄
转眼凤凰花开的时节
收起别离的忧伤
铭记自强不息的勉励
奏响时代的乐章

2. 数据新闻让英国撤军

2010 年 10 月 23 日，英国《卫报》利用维基解密的数据做了一篇"数据新闻"，将伊拉克战争中所有的人员伤亡情况均标注于地图之上。地图上一个红点便代表一次死伤事件，鼠标点击红点后弹出的窗口则有详细的说明：伤亡人数、时间、造成伤亡的具体原因。密布的红点多达 39 万个，显得格外触目惊心。这一新闻一经刊出立即引起英国朝野震动，推动英国最终做出撤出驻伊拉克军队的决定。

未来憧憬在眼前
——感悟人生
小朋友
刚去幼儿园
哭着喊着
要回家独玩

3. Google 成功预测冬季流感

2009 年，Google 通过分析 5000 万条美国人最频繁检索的词汇，将之和美国疾病中心在 2003 年到 2008 年间季节性流感传播时期的数据进行比较，并建立一个特定的数学模型。最终 Google 成功预测了 2009 年冬季流感的传播，甚至可以具体到特定的地区和州。

4. 微软大数据成功预测奥斯卡 21 项大奖

2013 年，微软纽约研究院的经济学家大卫·罗斯柴尔德（David Rothschild）利用大数据成功预测 24 个奥斯卡奖项中的 19 个，成为人们津津乐道的话题。2014 年罗斯柴尔德再接再厉，成功预测第 86 届奥斯卡金像奖颁奖典礼 24 个奖项中的 21 个，继续向人们展示现代科技的神奇魔力。

大数据与我们的生活息息相关——
几个真实的应用故事

1. 大数据应用案例之电商销售

京东集团旗下，不仅京东商城发展迅速，京东金融、拍拍网、京东智能、O2O 等也都在高速地发展。在京东旗下不同产业高速发展的背后，不可忽略的就是大数据所发挥的重要作用。大数据技术的运用，将京东旗下的不同产业进行了有效的整合，创造了利润。

京东记录了订单中的商品存储在仓库及所在货架的位置，如何按订单取货打包、如何选择配送方式及路线到达用户等关于物流配送的数据，还记录了如何提供售后服务、解决了什么问题等一系列与售后有关的数据。京东的产业链包含了上游和下游的产业，使得京东拥有流通中完整的供应链数据，从采购、库房、销售、配送，到售后、客服。京东将数据称为金库，认为其是京东做好各类服务与开展业务的基础。

初中同学
书包沉甸甸
压垮了肩膀
用心来承担

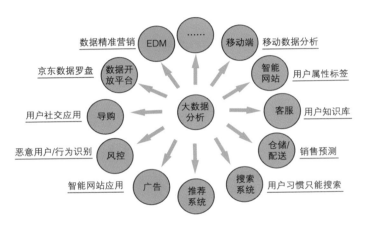

　　京东根据大数据做了用户画像，区分不同的消费人群，给予精准营销。大数据还帮助京东给予顾客更贴心的售前售后服务。通过对大数据的应用，京东合理建立仓库、配送站，截至2016年年底，在全国运营256个大型仓库，运营的配送站和自提点达到6906个。2016年"双十一"当天，京东在1小时内，便已完成了全国35个大中城市大件物流的首单配送。大数据分析还帮助京东优化派单路径，在"双十一"期间，让每个拣货员在最短的路程中实现最大效益。目前在中小件仓库中，拣货的单品耗时从22秒降到16秒。在提升客户体验方面，大数据也发挥了作用。京东通过小区画像，如在华为、苹果发布新版手机时，提前将手机分配到相应的配送站，客户一旦下单可以立即送达顾客手中，极大地提高了顾客满意度。

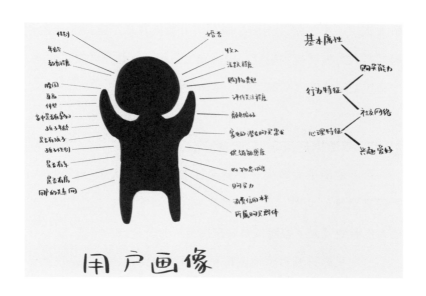

大数据的发展不仅对京东有着重要的意义，对于整个电商企业来说，都是一场重大的变革。国内不同类型的电商企业都在大数据背景下，积极探寻适合本企业发展的盈利模式，并实

现了重大突破。大数据在电商企业的应用最为广泛和深刻。电商企业多年收集积累的大量关于消费者的数据，经过各种模型的加工，为电商企业扩大产业链、获取利润点提供了新的路径，更新了电商企业的盈利模式。电商企业对大数据的运用，给消费者提供了更加精准的贴心服务。大数据背景下电商企业盈利模式需大力发展技术研究，提高安全意识；优化企业管理水平，严格控制现金流；发现蓝海，提升企业竞争力。

2. 大数据应用案例之公路交通

百度地图用大数据观察交通日常，将每个人感受到的城市管理难题量化呈现，在给交通参与者全新智慧视角的同时，也让人们看到"人工智能缓解城市拥堵"的新希望。

用户只要打开百度地图即可查看当前路况，不同路况的路段都用不同的颜色进行标注，其中红色代表拥堵、绿色代表畅通、黄色代表缓行。目前百度地图每分钟都在实时更新 375 个城市路况，海量的路况数据通过大数据挖掘分析后，就可以直观反映整个城市的交通运行情况。

百度地图在两个方面具有突出实力。第一是大数据获取的能力。据百度地图大数据分析师介绍,百度地图的路况数据来源主要分为公众数据、行业合作和政府合作。目前百度地图每天导航里程已达2亿公里,响应450亿次定位请求,位置服务超720亿次。第二则是数据分析能力。传统数据统计方式早已无法胜任这项工作,机器学习和人工智能技术成为幕后主力。在美国《财富》杂志看来,百度是和亚马逊、谷歌并列的全球人工智能四强。AI不仅让百度地图擅于发现人类难以捕捉到的城市运行规律,还能让用户使用"更聪明的地图"。

具体来看百度地图怎样缓解城市拥堵。在直接帮助用户的同时,百度地图已经展开同地方政府、交通主管部门的合作,专门为政府交通管理者提供了交通实时监测与研判分析平台,可以实时发现异常拥堵,也可以分析城市的常规拥堵道路和瓶颈点。一些红绿灯路口摄像头已经直连百度地图,并运用人工智能图像识别技术判断实时路况,而更多城市希望借助百度地图的大数据和人工智能技术,打造智慧交通,甚至优化城市道路及区域功能规划,这就能从根本上解决城市拥堵问题。

3. 大数据应用案例之医疗行业

Seton Healthcare 是采用 IBM 最新沃森技术医疗保健内容分析预测的首个客户。该技术允许企业找到大量病人相关的临床医疗信息，通过大数据处理，更好地分析病人的信息。

在加拿大多伦多的一家医院，针对早产婴儿，每秒钟有超过 3000 次的数据读取。通过这些数据分析，医院能够提前知道哪些早产儿出现问题并且有针对性地采取措施，避免早产婴儿夭折。

大数据让更多的创业者更方便地开发产品，比如通过社交网络来收集数据的健康类应用。也许未来数年后，它们搜集的数据能让医生对病人的诊断和治疗方案变得更为精确，比方说对于病人服用某种药物，其方式不是通用的成人每日三次一次一片，而是检测到病人的血液中药剂已经代谢完成会自动提醒病人再次服药。

Express Scripts 就是这么一家处方药管理服务公司，目前它正在通过一些复杂模型来检测虚假药品，这些模型还能及时提醒人们何时应该停止用药。Express Scripts 能够解决该问题的原因在于它每年管理着 1.4 亿个处方，覆盖了一亿美国人和 65000 家药店，虽然该公司能够识别潜在问题的信号模式，但它也使用数据来尝试解决某些情况下之前曾经发现的问题。

同时，Express Scripts 还着眼于一些事情，如医生所开处方的药物种类，甚至有人在网上谈论医生。如果一个医生的行为被标记为红色的旗帜，那么他在网络上是个好人的形象，往往就是患者所需要的医生。

悠闲
——难得悠闲的时光
悠闲的时光
使你忘却繁忙
喝一点小酒
释放出清凉

4. 大数据应用案例之保险行业

保险行业并非技术创新的指示灯，然而美国大都会人寿保险公司已经投资 3 亿美元建立了一个新式系统，其中的第一款产品是一个基于 MongoDB 的应用程序，它将所有客户信息放在同一个地方。

MongoDB 汇聚了来自七十多个遗留系统的数据，并将它合

回头看看
人生不是那么漫长
好似大梦一场

并成一个单一的记录。它运行在两个数据中心的 6 个服务器上，目前存储了 24TB 的数据。这包括美国大都会人寿保险公司的全部美国客户，而它的目标是扩大它的国际客户量和使用多种语言，同时也可能创建一个面向客户的版本。它的更新几乎是实时的。

大多数疾病可以通过药物来达到治疗效果，但如何让医生和病人能够专注参加一两个可以真正改善病人健康状况的干预项目却极具挑战。美国安泰保险公司目前正尝试通过大数据达到此目的。

安泰保险为了帮助改善代谢综合征患者的预测，从千名患者中选择 102 位完成实验，在一个独立的实验室工作内，通过患者的一系列代谢综合征的检测试验结果，在连续三年内，扫描 60 万个化验结果和 18 万个索赔事件。他们将最后的结果组成一个高度个性化的治疗方案，以评估患者的危险因素和重点治疗方案。这样，医生可以通过服用他汀类药物及减重 5 磅等建议而减少未来 10 年内 50% 的发病率，或者通过患者目前体内高于 20% 的含糖量，而建议患者降低体内甘油三酯总量。

5. 大数据应用案例之电视媒体

对于体育爱好者，追踪电视播放的所有最新运动赛事几乎是一件不可能的事情，因为有超过上百个赛事在八千多个电视频道播出。

而现在市面上开发了一个可追踪所有运动赛事的应用程序RUWT，它已经可以在 IOS 和 Android 设备，以及在 Web 浏览器上使用，并不断地分析运动数据流来让球迷知道他们应该转换成哪个台看到想看的节目，并让他们在比赛中进行投票。

该程序能基于赛事的紧张激烈程度对比赛进行评分排名，用户可通过该应用程序找到值得收看的频道和赛事。

咏蝴蝶兰
娇俏灵动舞翩跹
争芳斗艳百家美
天生傲骨春头颅
翅膀风韵更傲慢

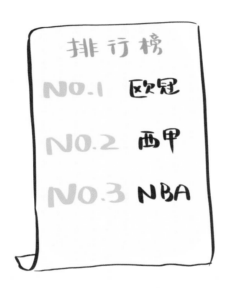

6. 大数据应用案例之社会生活

印度有一档非常受欢迎的电视节目"Satyamevjayate"，该节目整理并分析社会民众关于争议话题的各种意见，包括女性堕胎、种姓歧视和虐待儿童等社会热点问题，并使用这些数据来推进政治改革。

京城初夏
京城盛夏夕阳爽
街心花园祥和畅
枝柔韧柳垂溪旁
阵阵蝉鸣沁心房

虽然目前只播放了十几集，但是来自各方的反馈数据不容小觑。来自印度电视和世界各地的 YouTube 上的 400 万观众；超过 1.2 亿人在其网站、Facebook，Twitter，YouTube 和移动设备上已连接 Satyamevjayate 节目；超过 800 万的人通过 Facebook，网络注释，文本消息及电话热线等方式发送 14 万个回应，每周有超过 10 万个新观众进行回应。

黄鹤楼
初秋临登黄鹤楼
黄鹤矗立金蛇首
龟蛇锁江息人愁
万年治水乐悠悠

七 大数据研究与应用的新领域

1. 新媒体

20 世纪 50 年代，一场波澜壮阔的信息公开运动在美国拉开序幕，各种信息方便了人们的生活和工作，从而信息公开为数据的可获得性提供了依据。20 世纪 60 年代，计算机硬件技术的迅速发展，促使全世界数据处理和存储不仅越来越快、越来越方便，还越来越便宜，为数据积累提供了便利。20 世纪 70 年代，最小数据集的大规模出现，使得各行各业的最小数据集越来越多，为数据结构的多元化提供了条件。20 世纪 80 年代前期，数据在不同信息管理系统之间的共享使数据接口的标准化越来越得到强调，为数据的共享和交流提供了捷径。20 世纪 80 年代后期，互联网的概念兴起，"普适计算"（ubiquitous computing）理论的实现以及传感器对信息自动采集、传递和计算成为现实，为数据爆炸式增长提供了平台。20 世纪 90 年代，由于数据驱动，数据呈指数增长，美国企业界、学术界也不断对此现象及其意义进行探讨，为大数据概念的广泛传播提供了途径。

进入 21 世纪以来，世界上许多国家开始关注大数据的发展和应用，在此期间大数据分析和应用的学者和专家发起了关于大数据研究和应用的深入探讨。毫无疑问，由于计算机处理技术发生着日新月异的变化，人们处理大规模复杂数据的能力日益增强，从大规模数据中提取有价值信息的能力日益提高，人们将会迅速进入大数据时代。大数据时代，不仅会带来人类自然科学技术和人文社会科学的发展变革，还会给人们的生活和工作方式带来焕然一新的变化。

作为大数据最重要的数据来源和应用领域之一，社交媒体（social media）促使在线用户通过创造、互动、协作等活动，产生了大量的共享信息，并成为推动社会发展的巨大潜在动力。社交媒体之所以能创造新的理念，构建互动模式和协作平台，需要一系列软件和硬件技术的支撑。

社会性网络服务（social networking services）是社交媒体的一个新兴崛起的传播平台，一系列社交类网站与应用是其最好

雁栖湖

雁栖湖映怀柔情
满山枫叶彩霞兴
日落西方谷夜静
美语诗章味醇清

的体现。这类网站有别于传统的门户网站，更加强调用户的个性化和互动性，当中的个体往往因为兴趣爱好或者某种组织性质（学校、社团等）建立起人际社会关系，在网上形成一个个虚拟的社群群落，进而组成一个庞大的在线社会网络。在线社会网络的发展为用户提供大量的机会表达他们的兴趣和意见，也正是由于在线社会网络的普及性和曝光度，人们从社交媒体中流动的数据里挖掘出巨大的舆情资源与商业价值。

我们看到了在线社会网络分析中的商业价值。当互联网进入大数据时代时，数字媒体也随之得到了飞速的发展，致使传统大众媒体的营销价值开始弱化，越来越多的消费者逐渐对传统营销工具产生了疏远心理。进一步，以社交网站为代表的新媒体快速普及，改变了消费者获取、处理和消费信息的方式（会直接影响或改变传统的抽样调查理论和方法）。社交网站天然的分享性、互动性、开放性的特点，使其成为公共舆论、媒体传播、企业品牌和产品推广的重要平台。通过在线社会网络对企业的充分展示，也可以为企业产生很好的品牌推广、信息收集、客户联系、危机预警等作用。

游九曲溪记
九曲十八湾
峰峰扎两岸
竹筏穿山间
曲曲游回旋

越来越多的企业开始通过新媒体，以"病毒式"营销方式传播信息。与传统营销工具相比，"病毒式"营销具有成本低、可信度高、传播速度快的优势，已成为企业整合营销的重要组成部分。而且，与传统大众营销活动相比，"病毒式"营销注重消费者之间的互动传播，以及随之形成的传播网络，而在研究营销网络运行时，都会涉及对网络拓扑结构特征的认识。因此，分析网络拓扑结构的演化对"病毒式"营销信息传播的影响，将成为网络营销的一个长期的重要研究领域。

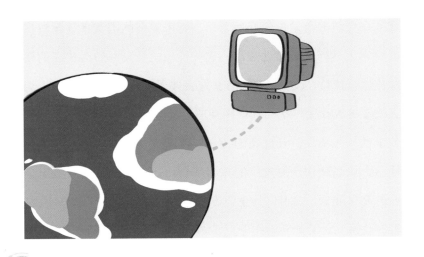

2. 网络舆情分析

大数据研究的主要领域之一是网络舆情分析。近年来，随着社会复杂程度的日益提高，网络舆情信息安全受到广泛重视。同时，网络舆情监控及信息分析技术的研究不断深入，适宜网络舆情分析的方法也在不断涌现。在应用中，针对网络舆情分析的总体思路，某些步骤流程的具体实施处处体现着统计的思维和方法。

一是网络舆情信息采集中的统计思维。传统的舆情信息汇集方法和渠道主要有文献研究、社会调查、计算机辅助电话访问调查、网络调查、舆情直报点、内参、信访工作、网络论坛等。而针对网络舆情，文本数据主要建立在互联网上的 Web 页面和一小部分互联网应用软件系统中。此时搜集信息主要是通过网络定性资料收集技术，例如现有的网络爬虫技术或对其进行改良的网络爬虫技术可以完成信息的高效采集。这种信息采集中的统计思维将会进一步开拓并提升统计调查技术的理论与方法。

二是网络舆情信息过滤中的统计思维。一般采用基于内容的过滤、基于网址的过滤和混合过滤等多种形式完成舆情信息

种点瓜果蔬菜
养点花草鱼虫
找朋友泡茶
静下心来
聊聊养生和健康

预处理。在具体实施中，舆情过滤主要通过判断页面内容与主题的相关性，这是一种基于关键词的模糊匹配方法。在舆情分词方面，主要借助现有成熟的分词系统，并利用语义分析法和人工智能分词法完成分词。在此基础上提出的网络舆情热点发现分词法有效提高了网络舆情分词的精度。这一信息过滤中的统计思维将进一步加深定性资料聚类分析和判别分析的研究。

三是网络舆情信息挖掘中的统计思维。基于 Web 挖掘的方法是数据挖掘在网络信息分析中的新应用，它能自动、智能地获取并发现相关舆情信息内涵和舆情热点，提高舆情处理和分析的效率和质量，实现网络舆情的智能分析和动态预警。这一信息挖掘中的统计思维将智能分析和统计模拟相结合，将会开辟出新统计模拟的研究领域。

四是网络舆情信息量化中的统计思维。基于语义的数据挖掘方法主要通过分析 Web 文本中潜在的语义结构或借助本体、语义词典等外部语义知识从舆情文本语义层面发现舆情规律，主要包括潜在语义分析法和基于外部语义知识的语义分析方法等。该方法能够将传统的文本分析深入到上下文的语义层面，

自己在想象
如果闲暇会是怎样
和家人一起
游览世界风光
漫游祖国山水

通过量化加强对文本的语义特征提取和语义相似度计算来提高信息分析的精度。这一思维将会在完善文本数据分析技术的基础上，进一步产生新的文本数据研究的理论和方法。

网络舆情分析是一个充满机遇与挑战的研究领域，涉及多个学科。我们还应该注意到，如何评判舆情分析的正确性和科学性是一个值得研究的问题。另外，民众的情感隐藏在文本语义中，现有方法大多围绕语法展开，语义层面的舆情分析技术还有待提高。

3. 流式大数据统计分析

随着大数据产业的迅猛发展，国内外学界涌现了一批针对流式大数据应用和研究的成果。所谓流式大数据，指按照时间顺序无限增加的数据观测值向量所组成的数据序列，也可以将流式数据看成历史数据和不断增加的更新数据的并集。流式大数据包括多种数据，例如客户使用移动或 Web 应用程序生成的日志文件、网购数据、游戏内玩家活动、社交网站信息、金融交易大厅或地理空间服务、航天水利设备传感器组监控、环境气象监测以及来自数据中心内所连接设备或仪器的遥测数据等，并能在数分钟内生成一个相当规模的更新数据集。数据对象的复杂化和动态化向数据分析工作者提出了新的挑战。

流式大数据具有四个特点：

特点一　数据实时到达；

特点二　数据到达次序独立，不受应用系统控制；

特点三　数据规模宏大且不能预知其最大值；

特点四　数据一经处理，除非特别保存，否则不能被再次取出处理，或者再次提取数据代价昂贵。

自己在想象
如果闲暇会是怎样
翻一下书柜
整理珍惜藏物

从流式大数据的特点我们可以了解到，流式大数据分析是数据分析的高级形式，但仍然依托于数据库、统计学、人工智能、计算机科学，以及信息科学等众多交叉学科。其中，统计学的理论和方法越来越受重视，各种统计方法也被广泛使用，例如决策树分类、近邻聚类、核估计、Bayes 分析、广义估计、抽样理论、时序分析等。可以预见，伴随着数据对象的日益复杂，统计学分析的优势将越来越凸显，统计学在流式大数据分析中的地位也会越来越重要。

但是，在流式大数据分析应用过程中，统计学也遇到了不少难题，例如高维流式大数据的降维问题、流式大数据的压缩问题和抽样问题、函数数据和高频数据的统计分析问题、数据丢失和异常发现问题、流式知识的稳定性与可靠性问题等。这些跨学科的问题既是挑战，更是推动统计科学发展的大好机遇。我们应该明确统计学在流式大数据分析研究中的趋势，以便促进统计学更好地分析和解决在实际问题及理论研究中遇到的难题。

我们从统计学理论和方法的角度来审视流式大数据分析的内容和方法，一方面有利于明确统计方法的应用现状和所面临的困难，另一方面可以引起统计学界对流式大数据分析的广泛关注，也有利于统计学方法研究的拓展和深入。

第一，我们应该考虑对流式大数据的统计描述，借助现在统计理论函数型数据的观点，对流式数据进行函数数据判别分析、函数数据主成分分析、函数数据聚类分析，以及函数数据回归分析等。此外，还可以采用高频数据的观点，对流式大数据进行类似的分析。

第二，我们应该考虑流式大数据的压缩，结合统计理论中时序分析的基本思想，对流式大数据中包含的不同性质、不同程度、不同周期的规律性特征进行分离，用适当的广义可加模型进行描述，并采用时变参数反映流式大数据的动态特征。另外，还可以利用粗糙集等知识推理方法进行约简，将大量不必要的细节信息泛化为若干代表性知识，实现知识泛化。

第三，我们应该考虑流式大数据的降维问题。从变量变换的角度：

（1）在 K-NN 聚类的基础上，设计出合适的权重函数，使其既能满足降维的需要，又能充分反映时间变化的影响。

自己在想象
如果闲暇
让生活
插上美丽的翅膀
融入味甘的甜蜜
如梦飞翔
让幸福绽放

（2）借鉴投影寻踪方法 (pursue projection) 的思想，在流式大数据的高维空间中找出最优线性基向量并将其作为降维子空间，同时把相应的线性变换矩阵作为原维度的权重矩阵。进一步地，还可以研究如何将这一思想推广到非线性情形，使之适合更一般的数据降维任务。

（3）选择适当的基函数对流式数据进行拟合，在这些方法研究中，重点是如何设计具有时变特征的权重因子。

（4）利用随机森林进行特征选择与构建有效的分类器以达到降维的目的等。

第四，我们应该考虑流式大数据的可视化分析。可视化是反映统计分析结果的重要环节，在流式大数据研究的过程中，

妈在哪　家在哪
——常回家看看
我们想回家
不是只为了过年
因为妈在家
漂流五湖四海

我们还可以通过计算机软件实现流式大数据挖掘结果的可视化，并实现人机交互式的数据挖掘过程，使得分析结果更能体现使用价值。流式大数据分析技术和方法研究的主要目的在于应用。在流式大数据分析中适当运用统计方法会显著提高数据分析的效率。同时，流式大数据分析中所出现的问题也将促进统计科学的进一步发展。

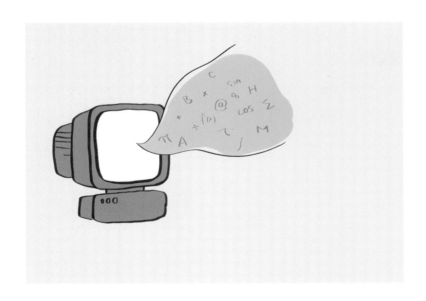

身不在家
可是心跟着妈
妈在哪
家在哪
根就在哪

 大数据应用实例反思：这是为什么？

　　共享单车是目前中国规模很大的城市交通代步解决方案，为城市人群提供了便捷经济、绿色低碳、更高效率的城市出行服务。它是国内共享经济项目的一个重要体现，是在"互联网＋"驱动下，大数据产业发展的一个重要成果。

然而，大数据技术使得共享单车迅速发展的同时，也给社会带来一系列的问题，引发了人们深刻的思考。

大家都在讨论共享单车问题：乱停乱放，占用其他停车位，影响通行，自行车道不够用，停放位置，散乱不好找车等，这些都是表面现象。

　　实际上，共享单车从某些角度反映了社会深层问题，请看下面图片，这是某天早上，我晨练时候，在环岛路上拍摄的。这根本不是共享单车自身"擦伤"，而是人为对共享单车的伤害，车的骨架没有受到伤害，零件也没有被卸走。但"神经"受到了伤害，成了"瘫痪者"（这个比例非常高）。这种做法是抓住了大数据的特征，直接伤害大数据产品的"神经"。

如果
——生活、学习、工作的点点滴滴
如果
你是大树

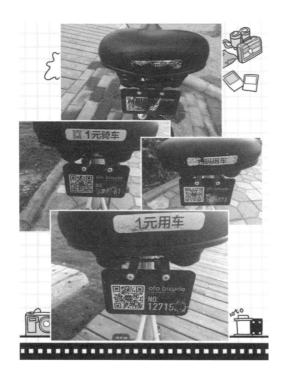

在这里只能问一句"为什么"来抹去暂时的伤痛。

我愿做枝丫
聚齐你的树荫
如果
你是鲜花
我愿做绿叶
衬托你的绚丽

大数据有哪些应用领域？　▶▶ ▶▶　083

要如何更好地发展大数据

如果
你是大海
我愿做浪花
美丽你的蔚蓝

如果
你是大漠
我愿做青沙
展现你的浩瀚

 九 "谁"推动了大数据的发展

前几年"大数据"这个词就开始在人们的生活和工作中出现，渐渐地成为老百姓茶余饭后谈论的话题。当今，由于大数据在社会实践与理论研究上的巨大影响，有关大数据的讨论已经渗透到每一个行业和领域之中，引起各行各业对大数据的热捧。正如有学者指出的，大数据开启了一次重大的时代转型，它正在改变我们的生活以及理解世界的方式，成为新发明和新服务的源泉。

如果
你是高山
我愿做松柏
显示你的峭立

　　特别是 2015 年，人们称它是"中国大数据发展的元年"，因为一是在 2015 年 3 月 5 日召开的全国人大三次会议上，政府工作报告中首次提出"互联网＋"行动计划，马上成为各界热议的焦点，以此"大数据"的话题，向"大数据产业"发展转移；二是 2015 年 8 月 31 日国务院印发《促进大数据发展行动纲要》的通知，将大数据与大数据产业的发展提升到国家战略高度。那么，我们要问："谁"推动了大数据的发展？我曾经在

如果伴随你的有
枝丫 绿叶 浪花……
我则会默默地隐藏
给你无尽力量

多次培训班和论坛上提出这个问题，回答的结果让人惊讶，例如：历史、时代、社会、市场、互联网在这个问题上，我查阅了好多的资料，并且深入地分析了大数据发展的历史过程，利用因素分析的思想，层层剖析，终于找到了推动大数据发展的这个"人"，它就是"标准化"。

1. 什么是标准化？

关于标准化的有关知识，在这里给大家介绍一下，以便更深刻地认识它在推进大数据发展中所起的作用。

标准化是指在经济、技术、科学和管理等社会实践中，对重复性的事物和概念，通过制定、发布和实施标准达到统一，以获得最佳秩序和社会效益。标准化的基本原理通常是指统一原理、简化原理、协调原理和最优化原理。标准化是组织现代化生产的重要手段和必要条件；是合理发展产品品种、组织专业化生产的前提；是公司实现科学管理和现代化管理的基础；是提高产品质量和安全、卫生的技术保证；是国家资源合理利用、节约能源和节约原材料的有效途径；是推广新材料、新技

术、新科研成果的桥梁；是消除贸易障碍、促进国际贸易发展
的通行证。

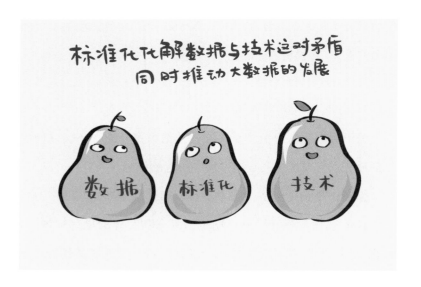

为了促进大数据产业发展，我国工业和信息化部在"十三五
规划"中，就标准化做了详细的规范，重点从以下方面实施：

一是推动标准体系建设，推进数据格式接口、开放共享、

有人说地球伟大
因为她给了我们生活的环境
有人说太阳伟大
因为她给了我们成长的阳光
天伟大，地伟大
因为有顶天立地的气概

数据质量、数据安全、大数据平台等重点标准研制；

二是加强标准验证和应用试点示范，建立标准符合性评估体系，推动标准对产业和应用的支撑作用；

三是继续积极参与国际标准化制定工作。

2. 标准化是大数据发展的主要推动力

我们知道矛盾不断转换推动着事物的发展，那么推动大数据发展的矛盾是什么？解决这对矛盾的关键又是什么？ 推动大数据发展的这对矛盾就是"数据"与"技术"，解决这对矛盾的关键是"标准化"。"数据"与"技术"矛盾的不断解决、不断转换、不断提升，成了数据驱动的动力，引发了数据爆炸，引领我们走到了新的时代——大数据时代。

那么我们应该明确，"标准化"是解决"数据"与"技术"这对矛盾的基础，它促使着矛盾的不断转换，并推动着大数据的发展。

海伟大，川伟大
因为有海纳百川的气魄
母亲让我们落地
生活在幸福家园中
吸收着地球予以我们的乳汁

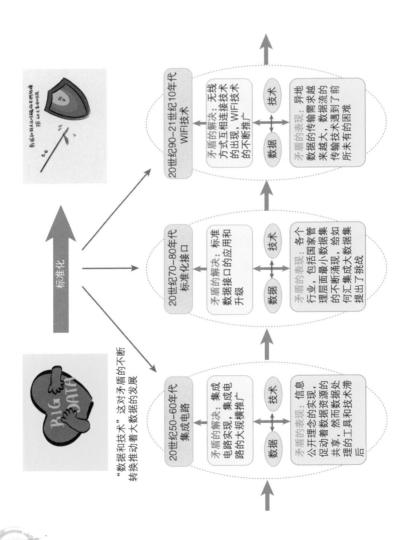

在太阳的哺育下成长
少年，青年，中年，老年……
到那时
我们静静地坐在海边
看着层层波涛的推进
忆着匆匆走过的人生

20世纪50—60年代，"数据"与"技术"矛盾的表现：信息公开理念的实现，促动着数据资源的共享，然而数据处理的工具和技术滞后。随着半导体工艺的发展，人们成功制造出了集成电路。集成电路代替晶体管电路就是标准化的重要体现，当时中小规模集成电路成为计算机的主要部件，这样使计算机的体积更小，大大降低了计算机的功耗，而且由于减少了焊点和接插件，进一步提高了计算机的可靠性。随后也有了标准化的程序设计语言。这一阶段标准化的重要体现是"集成电路"。

20世纪70—80年代，"数据"与"技术"矛盾的表现：各个行业，包括国家管理层面最小数据集的不断涌现，给如何汇集成大数据集提出了挑战。随着数据在不同信息管理系统之间的共享与交换需求的提出，也使数据接口的标准化越来越得到强调，同时使得小数据集汇集成大数据集成为可能，随之《标准数据接口规范》出台，为计算机的大规模推广奠定了良好的基础。这一阶段标准化的重要体现是"标准数据接口"。

20 世纪 90 年代—21 世纪 10 年代,"数据与技术"矛盾的表现:异地数据的传输需求越来越大,数据流的传输技术遇到了前所未有的困难。 无线网络技术由澳洲政府的研究机构 CSIRO 在 20 世纪 90 年代发明并于 1996 年在美国成功申请了无线网技术专利。该技术在 1999 年 IEEE 官方定义 802.11 标准的时候,被认定为世界上最好的无线网技术,因此 CSIRO 的无线网技术标准,就成了 2010 年 WIFI 的核心技术标准。WIFI 使得"五湖四海"统成了"一个地球村"。这一阶段标准化的重要体现是"WIFI"。

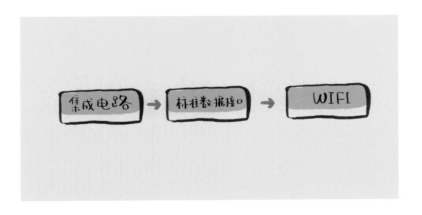

学生同事的伟大
营造着洁净的育人环境
远朋近友的伟大
碰撞着火花
引领着创新
实现我们共同的梦

3. 引发的思考

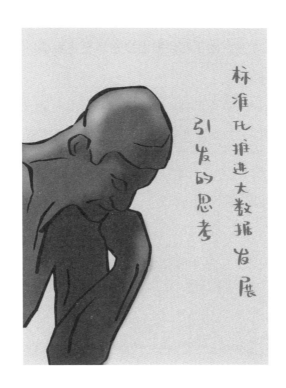

一是如何衡量大数据产业的产出。以柯布－道格拉斯生产函数为例，投入的基本要素是综合技术水平、劳动力、资本。

这里我们还应该考虑标准化水平。

二是标准化如何度量。根据标准化的不同分类，可能会有不同的度量方法。也可以依据虚拟变量设定的思想，纳入模型的构建体系中。

三是发展大数据产业，标准化应该先行，否则会走弯路，甚至使得某些大数据产业项目彻底失败。这是应该关注的一个重要问题。

 **大数据发展的四大节点**

　　这里谈谈我国设计和规划大数据发展的进程。从我国近三年大数据的发展，可以确定推进大数据发展的四大节点。虽然这四大节点较为宏观，但是对我国大数据发展方向有一个明确的梳理。特别是从事大数据研究和应用的朋友们，通过了解四大节点，有助于弄清自己当下和未来的工作重点。

感恩
融入人情万千
自然的情感
随时随行

第一节点：转变观念

在 2015 年 3 月 5 日，十二届全国人大三次会议上的政府工作报告中首次提出"互联网＋"行动计划，这是我国大数据发展的节点之一。在此之前大家都在谈论大数据的概念、大数据的发展历史、大数据的发展特征等；在此之后人们转变观念，重点转移到探讨大数据"产业"如何发展。

第二节点：战略实施

2015年8月31日，国务院印发了《促进大数据发展行动纲要》的通知，这是我国大数据发展的节点之二，在此将大数据产业上升至国家"战略"来实施。随之2016年3月全国人大通过的"十三五"规划纲要提出实施国家大数据战略，把大数据作为基础性战略资源，全面实施促进大数据发展行动，实际上就是对我国大数据产业的发展做了战略性的布局。

统计人

从教科研四十春
耕耘厦大强自尊
呕心沥血研成果
海纳百川论乾坤

第三节点：理念提升

2017 年 7 月 8 日，国务院印发了《新一代人工智能发展规划》的通知，这是我国大数据发展的节点之三，也是我国认知和发展大数据产业"理念"的一个重要提升，它抢抓了人工智能发展的重大战略机遇，构筑了我国人工智能发展的先发优势，促进了创新型国家和世界科技强国建设。

2017年12月8日，中共中央政治局就实施国家大数据战略进行第二次集体学习时强调，推动实施国家大数据战略，加快完善数字基础设施，推进数据资源整合和开放共享，保障数据安全，加快建设数字中国，更好服务我国经济社会发展和人民生活改善。这样又使大数据产业发展的国家战略呼之欲出。

形成热爱数据素养

第一节点：转变观念
2015年3月5日十二届全国人大三次会议上，政府工作报告中首次提出"互联网+"行动计划

第二节点：战略实施
2015年8月31日，国务院发布《促进大数据发展行动纲要》

第三节点：理念提升
2017年7月8日，国务院发布《新一代人工智能发展规划》

2017年12月8日，中共中央政治局就实施国家大数据战略进行第二次集体学习时强调，推动实施国家大数据战略，加快完善数字基础设施，推进数据资源整合和开放共享，保障数据安全，加快建设数字中国，更好服务我国经济社会发展和人民生活改善。

欢聚龙城
岁月光阴似飞箭
师生友情依眷恋
几多沧桑催颜面
龙城相聚情缘连

 大数据产业发展不能"形象"化

2018 年 2 月 10 日中央电视台新闻频道的《新闻直播间》栏目中播出了《手机上的"形象工程"》：随着移动互联网的发展，不少地方也都跟上了流行的趋势，纷纷推出各种手机"政务软件"，而提出的口号也非常的响亮："让群众少跑腿，让数据多跑路。"说起来与时俱进，为满足公众的需要提供更方便快捷的服务，这原本应该是一件树立政府形象的好事，可是一些软件却问题百出，备受诟病。本来指尖上的便民工程，却变成了形象工程。

记者用手机对"政务服务"进行搜索，立刻出现了上百个政府部门的手机软件，从省级政府到各区县政府很多都有自己的手机软件，这些软件普遍评分偏低，下载用户也很少。记者

送儿郎
路崎欧湘苦三年
书儿独闯将磨炼
回首所得今朝喜
静心深思路未眠

下载了 40 多款软件，其中二分之一都不可以使用，而可以使用的软件中，大部分用户评分在三分以下。

记者调查反映的现象，是大数据产业发展的一个缩影，类似的现象在其他的行业或部门也有露头之势。可以这样说，发展大数据产业要明确导向。如果以社会需求为导向，可以在更高视野上发现新的机会；如果以任务目标为导向，则可能为了"驱动"完成任务而导致"形象工程"，以不科学的发展观，指导大数据产业发展，其大数据产业项目很难成功。

　　这里要提及的是，近年来，各类高校成立了不止一个大数据研究机构，只要和数据有关系的，就冠上"大数据某某领域研究所"，这些研究机构都在做什么呢？很少的几所高校与企业和公司合作研发大数据产品，而且非常担心出现"政绩工程"。

鹭岛雨
——厦门的春意
"鹭"朦胧
雾锁山头日未明
天连海
海连天

大数据人才培养与团队建设

　　大数据人才需求和人才培养是关于大数据的焦点之一，因为国际数据公司 IDC 预测，到 2020 年，企业基于大数据计算分析平台的支出将突破 5000 亿美元，大数据解决方案在未来四年中，将帮助全球企业分享大约 1.6 万亿美元新增收入的数据红利。随着数据采集、数据存储、数据挖掘、数据分析等数据产业的发展，我国需要更多的数据人才。近日数联寻英发布的首份《大数据人才报告》显示，目前全国大数据人才数量只有 46 万人，未来 3 到 5 年人才缺口数量达 150 万人之多。这给大数据的人才培养带来了巨大的压力。

　　教育部公布，2016 年全国共招收本科生 374 万人，2016 年研究生考试招生计划总人数为 51.72 万人。我们简单地测算：

（1）如果我们以本科生平均招收人数为基数 A，其中基初 3% 的本科生将来从事大数据研究和应用，未来 5 年内增长速度为 5%。那么，当 $A=380$ 万人，

未来 3 年：

$$\sum_{i=1}^{3}(380 \times 2\%)(1+5\%)^{i-1} = 23.96$$

未来 5 年：

$$\sum_{i=1}^{5}(380 \times 2\%)(1+5\%)^{i-1} = 42.06$$

（2）如果我们以研究生平均招收人数为基数 A，其中基初 10% 的研究生将来从事大数据研究和应用，未来 5 年内增长速度 8%。那么，当 $A=60$ 万人，

未来 3 年：

$$\sum_{i=1}^{3}(60 \times 5\%)(1+8\%)^{i-1} = 9.74$$

未来 5 年：

$$\sum_{i=1}^{5}(60 \times 5\%)(1+8\%)^{i-1} = 17.60$$

目前各大高校都在纷纷设立"数据科学与大数据技术"专业，这是一个非常重要的举措，是解决大数据人才紧缺的一个重要措施。

在这里说一说该专业的建设过程。2014—2015 年有 3 所大学申请该专业，即北京大学、对外经济贸易大学及中南大学，当时申请的名称都不一样，有的设置为"数据科学"专业，有的设置为"大数据"专业。由于是新设专业，教育部统一了专业名称"数据科学与大数据技术专业"，其专业代码为 080910T，学位授予门类为工学和理学。2016 年 2 月 16 日，教育部发布的《2015 年度普通高等学校本科专业备案和审批结果》中首次增加了"数据科学与大数据技术专业"，北京大学、对外经济贸易大学及中南大学获批。

2015—2016 年申报"数据科学与大数据技术专业"的有 32 所高校，2017 年 3 月 13 日教育部发布了《2016 年度普通高等学校本科专业备案和审批结果》，中国人民大学、北京邮电大学、复旦大学等 32 所高校全部获批，其中 3 所高校授予理学学士学位（复旦大学、浙江工商大学、云南财经大学），29 所高校授予

乌云
——暴雨来临之际
奔腾的浪花卷起乌云
在天空中尽情地翻打
好似一匹脱缰的野马
在风雨中独傲
自由地驰骋在天涯

工学学士学位。

2016—2017 年申请院校是井喷式增长。2017 年申请"数据科学与大数据技术"专业的院校高达 263 所，其中工学 190 所，理学 73 所。2018 年 3 月教育部公示批准了 248 所高校。

2017—2018 年申请"数据科学与大数据技术"专业的院校高达 226 所。2019 年 3 月教育部公示批准了 203 所高校。四年来，教育部共公示批准了 483 所高等院校设立"数据科学与大数据技术"专业。

需要提及的是，2019 年 3 月教育部公示的《2018 年度普通高等学校本科专业备案和审批结果》中，继去年 5 所院校获批"大数据管理与应用"专业后，又有 25 所院校获批。同时，新增审批通过 35 所高等院校首批设置"人工智能"专业。

然而，我们也应该清楚地认识到，单一高校大数据人才培养方式，根本填补不了大数据人才的缺口。另外，目前大数据人才培养所需要的知识结构基本上如下图所示：

温顺时
摇摇尾巴
鬃毛似的细雨
抚摸着你的脸颊

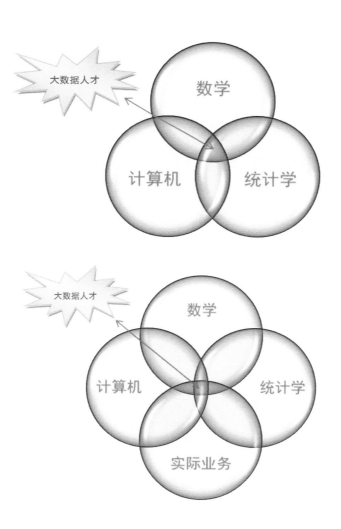

实际上，大数据研究和应用是一个团队运作模式，我们应该在加强人才培养的同时，构建大数据的研发和应用团队。好多的企业和高校，纷纷成立了大数据研究和应用机构，为什么迟迟做不起来呢？主要是缺乏团队的运作能力。从管理的角度看"大数据研发和应用团队建设，是发展大数据产业的核心竞争力"。一个大数据的研发团队，不能只有数学、统计、计算机的研究人员，还应该涉及经济、管理、人文、法律，艺术、心理、生物、医学等各个领域。由此可见，有针对性地构建大数据研发团队极为重要。

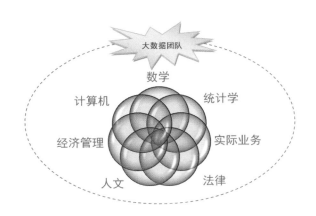

冬雨
窗外冬雨淅沥沥
随心所欲
敲打玻璃溅起回忆
幕幕往事浮现在眼前
美好时光映在心里

"人工智能其实就是统计学"这个命题并不重要

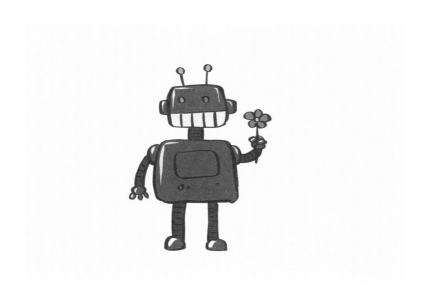

看着冬雨落下寒冷
朵朵蘑菇
在繁华的城市里拥挤
熟悉的朋友找不到你

最近，我在网上收集并阅读了好多关于人工智能方面的文章，有一个热议的话题"人工智能其实就是统计学"。2011 年诺贝尔经济学奖获得者 Thomas J. Sargent 在由厚益控股和《财经》杂志联合主办主题为"共享全球智慧引领未来科技"的世界科技创新论坛上表示：人工智能其实就是统计学，只不过用了一个很华丽的辞藻。好多的公式都非常老，所有的人工智能都是利用统计学来解决问题。

人工智能（artificial intelligence），英文缩写为 AI。它是研究、开发用于模拟、延伸和扩展人的智能的理论、方法、技术及应用系统的一门新的技术科学。

目前，自然而然地"统计学与 AI 的关系"议题，就成了讨论的焦点问题，一下子又把统计学推到了风口浪尖。实际上，AI 是否属于统计学科，这个问题并不重要，我们也不必谈"人工智能其实就是统计学"。重要的是，在大数据时代下，在 AI 迅猛发展的催促下，我们统计工作者应该清醒地认识到传统统计学的变革，以便更好地"武装"统计学，真正地起到长期推进 AI 发展的作用。在此抛砖引玉，从微观的角度谈谈传统统计学的变革，以及给我们引起的思考。

1. 怎样用新的数据"烹饪"出好的"食品"

经常和朋友聊起来，说时代发生了巨大的变化，火车站、机场，包括出差酒店的住宿，到处都在刷脸，现在这个技术已经很成熟了。最近到北京出差，在机场安检的过程中，新开辟了一条智能化安检线，它会将安检要求不满足的物品，自动地分离出来，提高了安检的速度，当时我很好奇，在那里看了好久。这些技术的实现及应用，所产生的数据，其类型发生了巨大的变化，扩展了传统统计的研究对象。

传统数据基本上是结构型数据，即定量数据加上少量专门设计的定性数据，格式化、有标准，可以用常规的统计指标或统计图表加以表现。大数据及 AI 则更多的是非结构型数据、半结构型数据或异构数据，包括了一切可记录（包括图像和声音等）、可存储的信号，多样化、无标准，难以用传统的统计指标或统计图表加以表现。现在的数据库很多都是非关系型的数据库，不需要预先设定记录结构即可自动包容大量各种各

清晨的阳光
清晨缕缕阳光
透过窗帘
悄悄地射进书房
静静的房间
渐渐地明亮

样的数据。

数据分析就好似食品烹饪的过程，数据就相当于是食材，食材的类型或品种发生了变化，能否烹饪出好的食品，是对烹饪师一个巨大的挑战。对于统计工作者而言，摆在面前的压力可想而知。

端着一杯白开水
慢慢地放在书桌上
看着蒸发的水珠
映射出亿万个太阳

2. 怎样认识总体意义下的"样本"

有一次，一位朋友到我们单位访问。朋友问："你们单位的 WIFI 和密码是什么？我想用手机上网。"我"开玩笑"地和他说："你如果用我们单位的 WIFI 和密码上网，我们单位的网络平台可以把你手机的信息全都扒走。"这就是维克托·迈尔·舍恩伯格写的那本书《大数据时代——生活、工作与思维的大变革》中，提到的一个重要观念：在一定的条件下，我们现在所获得的数据是总体，而不是样本。在八年或十年前，这个技术感觉很神秘。当今在 AI 促动下，这个技术是海量数据收集的重要手段之一，打破了我们对样本概念的认知，使得样本概念更加深化，体现出了一个重要的理念，就是"明确平台，收集数据"，这充分体现了总体意义下的"样本"含义。

我们知道，统计学依赖于样本统计（普查除外），而样本的传统定义是按照一定的概率从总体中抽取并作为总体代表的集合体。大数据时代，特别是 AI 技术应用，使得样本的概念不再这么简单，此时数据大部分为网络数据，因此可以将其分为两种类型：一是静态数据，呈现"总体即样本"的趋势，这一特

午后的阳光
午后炽烈阳光
照在身上
辣辣的刺痛皮肤
绿绿的小草
也弯下了细腰

点弥补了传统样本统计高成本、高误差的劣势；二是动态数据，比如在确定的网络平台下，数据是随着时间的推移而变化的，其总体表现为历史长河中所有数据的总和，而我们分析的对象为"样本"，这里的"样本"与有别于传统的样本，因为这些数据并非局限于随机抽取的，可以是选定的与分析目的相关的数据。对于统计工作者而言，如何分析此"样本"的代表性等问题，应该提到统计研究的议事日程中。

3. 怎样利用数据收集实现"资源共享"

从 2012 年到现在，国家统计局和 19 家企业签署了框架性协议，在框架性协议的支撑下，国家统计局可以获得企业的数据，一为社会服务，二为企业服务。例如，可以利用阿里巴巴的数据来修正和完善 CPI；可以利用百度的数据来估计二手房的房价问题。以此为案例，我们把国家统计局获取数据的外延剔除掉（和那些企业签署框架性协议暂时不考虑），提取获取数据的内涵，可以提炼出一个获取数据的重要手段，就是"框架性协议支撑"。这是因为现在政府和政府之间、政府内部的职能部门之间、政府和企业之间的数据不能交易，那么构建智慧城市等，需要构建宏观和微观大数据平台，"框架性协议"就成了获取数据的重要方法之一，其核心有四个字——"资源共享"。这是在共享经济环境下，对传统数据收集概念的巨大扩展。

传统统计中，收集统计数据的思想是先确定统计分析研究的目的，然后根据需要收集数据，所以要精心设计调查方案，严格执行每个流程，往往投入大，而得到的数据量有限。在大数据时代，AI 在推进社会前进的过程中，给数据的收集提出了

夜幕下的阳光
夜幕下
阳光
洒落在草坪上
失去了赤日炎炎
给绿草被上银装

新的挑战，使得收集数据的概念得到扩展，即收集数据就是识别、整理、提炼、汲取、分配和存储元数据的过程，其某个环境的实现，都给传统统计数据收集研究带来了机遇。我们拥有超大量可选择的数据，同时，在存储能力、分析能力、甄别数据的真伪、选择关联物、提炼和利用数据、确定分析节点等方面，都需要斟酌。然而，并不是任何数据都可以从现有的数据中获得，还存在安全性、成本性、针对性等问题。对于统计工作者而言，在采用传统的方式方法去收集特定需要的数据基础上，如何扩展思路，利用现代观念、现代技术收集、获取

夜幕下
采油机
默默地转动
给上帝磕头
祈求人类安康

一切相关的数据，同时怎样实现资源共享，也是需要实现的目标之一。

4. 怎样打造和利用数据来源的"第二轨"

最近我在指导 MBA 学员毕业论文，有一个学员从事游戏软件开发，并负责公司的游戏产品营销，他的毕业论文的主要研究内容是游戏产业的全球市场营销策略，其中游戏产品的定价研究就显得尤为重要。为了科学地制定游戏产品价格，针对开发的游戏产品，他收集了大量的不同竞争产品的同等道具价格，例如：木材、粮食、铁矿、石矿、金币等。在讨论文章的过程中，我问："这些收集是通过调查得到的吗？"他说："不是，是通过互联网得到的数据，是开发商和使用者在游戏研发和玩游戏过程中记录下来的数据。"这些数据完全打破了传统统计数据的来源渠道，对数据的考察和验证带来了极大的挑战。

传统的数据是带着问题来收集，因为具有很强的针对性，因此数据的提供者大多是确定的，其身份特征是可识别的，有的还可以进行事后核对和验证。而随着 AI 技术的深入发展，海量数据的来源则很难追溯，由于这些数据通常来源于互联网、物联网，或者在云架构的支撑下，已经形成了极大的数据库，这些数据不是为了特定的数据收集目的而产生，而是人们一切可记录的信号（当然，任何信号的产生都有其目的，但它们是发散的），并且身份识别十分困难。对于统计工作者而言，在充分利用好传统统计数据来源的基础上，针对社会发展的需求和时代发展的特点，要努力打造并利用好数据来源的"第二轨"——云架构、互联网和物联网等。

5. 怎样提升和加快统计量化方式的转变

最近几年,我接触了好多位企业家,他们的管理理念各有千秋。有一个老板管理很苛刻,要求职工上下班按指纹,他说:"发现有个别职工很淘气,上班按了指纹就出去,到下班的时候回来再按一个指纹,结果搞一个全勤。"

我说:"那你怎么办啊!"

他说:"我在公司门口安装了一个监视器,可以时时记录职工的进出情况。"

他接着又说:"慢慢地发现,监视器获得的数据是连续数据,很难发现异常现象。"

我又问他:"那你采取什么方案啊?"

他说:"安了一个人脸识别器,这样可以获得时点数据,很容易得到异常现象,以便及时处理。"

这里我想说的是,从指纹识别、监视器到人脸识别器,管理中所用的设备逐渐提升。就人脸识别而言,识别就是要找出每个人的差异性,从统计角度看,分析差异性的一个重要指标,就是方差。那么识别结果,每一个人的"脸"产生的数据集,其方差如何计算呢？这打破了传统的统计计算规范。

　　传统数据为结构化数据，其量化处理已经有一整套较为完整的方式与过程，量化的结果可直接用于各种运算与分析。在 AI 研发、延伸和扩展的同时，产生了大量的非结构化数据，Franks 说过："几乎没有哪种分析过程能够直接对非结构化数据进行分析，也无法直接从非结构化的数据中得出结论。"目前，计算机学界处理非结构化数据的技术逐步推进，也取得了不少阶段性成果。对于统计工作者而言，直接处理非结构化数据，或将其量化成结构化数据，是一个重要的研究领域，也势必会促进统计学的发展。

我要在石头上
寻找欢乐
让它消除迷茫
体验生活的悠然自得

　　AI 的发展离不开统计学，统计理论和方法的深入研究也离不开 AI 的促进。统计工作者应该知道，当今我们对数据的利用取得了更大的主动权，我们要把这个主动权真正地利用好，用在促使统计学迅速发展方面，让统计学产生的新理论、新方法在历史发展中形成更深刻的烙印。